A BRIEF HISTORY OF EVERYTHING FOR CHILDREN

万物简史

少年简读版 ②

张玉光 ◎ 主 编

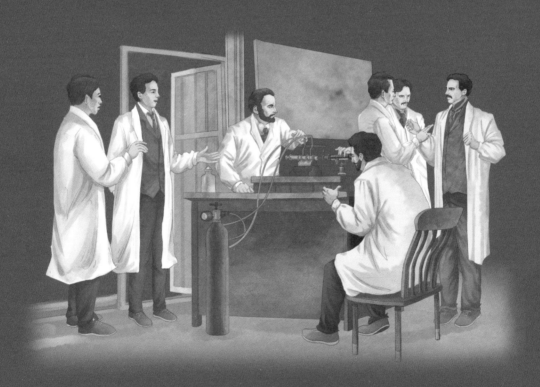

青岛出版集团 | 青岛出版社

图书在版编目（CIP）数据

万物简史：少年简读版 . 2 / 张玉光主编 . -- 青岛：青岛出版社，2024.3
ISBN 978-7-5736-2065-1

Ⅰ . ①万… Ⅱ . ①张… Ⅲ . ①自然科学—少年读物 Ⅳ . ① N49

中国国家版本馆 CIP 数据核字 (2024) 第 053644 号

WANWU JIANSHI （SHAONIAN JIANDU BAN）

书　　　名	万物简史（少年简读版）
主　　　编	张玉光
出 版 发 行	青岛出版社（青岛市崂山区海尔路 182 号）
本 社 网 址	http://www.qdpub.com
责 任 编 辑	朱　寰　刘　怿
封 面 设 计	刘　帅
排　　　版	青岛艺鑫制版印刷有限公司
印　　　刷	青岛新华印刷有限公司
出 版 日 期	2024 年 3 月第 1 版　2024 年 3 月第 1 次印刷
开　　　本	16 开（889mm×1194mm）
印　　　张	20
字　　　数	400 千
书　　　号	ISBN 978-7-5736-2065-1
定　　　价	136.00 元（全四册）

编校印装质量、盗版监督服务电话　4006532017　0532-68068050

前 言
PREFACE

"寄蜉蝣于天地，渺沧海之一粟！"你有没有想过：能来这个世界走一遭，是一件多么幸运的事！这其中所涉及的世间万物，恐怕要远远超越你的想象。

经过行星们上亿年的撞击，陨石不断坠落，这才形成了地球初始的模样。伴着没完没了的火山喷发，宇宙射线与太阳辐射长驱直入，地球上有了氧气与海洋，在这颗蓝色的星球上随之出现了生命。自生命诞生，从单细胞到多细胞、水生到陆生、卵生到胎生、变温到恒温，生命一步一步艰难前行。自类人猿诞生之后，从树栖到洞居、森林到草原，在无比强大的自然面前，生活举步维艰。

在数不清的岁月里，成千上万的物种已经不复存在。虽然地球是唯一拥有生命的星球，但也算不上生物的天堂。大冰期、大型食肉动物的捕杀、无处不在的细菌病毒……人类经此种种，能够幸存下来实属不易。了不起的是，人类不但存活下来，还开始了认识世界、探索万物的科学进程。

在二三百万年前的原始社会，当时的人类为填饱肚子而苦恼，无论如何也想不到，自己的后代会为这些问题而陷入思考：宇宙是如何从大爆炸而来；太阳系中为何有恒星、行星、卫星、小行星、矮行星等；地球生命是如何从无到有，发展至今；人类是如何演化的，未来又会走向何方……

《万物简史》将告诉你这一切的答案。这本书涵盖的内容广泛，语言简洁明了，绘画生动写实，为读者们构筑了一个浩瀚而有趣的科普世界，让大家遨游科学的海洋，在轻松阅读之中，洞悉万物之奥妙。

目 录
CONTENTS

第一章 **从宏观宇宙到微观世界**

当新时代来临，科学得到前所未有的发展。一大批优秀的科学家纷纷登上历史舞台：普朗克创建了量子力学，从而叩开了量子时代的大门；爱因斯坦提出了相对论，让物理学界、地质学界和天文学界都豁然开朗；哈勃证明了宇宙中不仅仅有银河系，更存在大量的星系……这些响当当的人物都在科学史上留下了不朽的印迹。

爱因斯坦

如果要评选出一位历史上最伟大的科学家，可能很多人都会把票投给爱因斯坦。他对理论物理学的发展产生了极为深刻的影响，对宇宙学说的建立也有非常重要的贡献。

"爱因斯坦"已成为天才的代名词。

▲ 年轻的爱因斯坦

天才少年

1879 年，爱因斯坦生于德国的一个小镇。爱因斯坦 10 岁时开始阅读哲学著作与科普读物，12 岁时开始自学高等数学。读完大学后，他受瑞士联邦专利局的雇佣，成了一名技术员。虽然做着和物理不沾边儿的工作，但爱因斯坦没有一刻放下他的物理学研究。

▼ 爱因斯坦与同学们进行科学讨论

年轻有为的物理学家

1905 年被称为"爱因斯坦奇迹年"。这一年，爱因斯坦 26 岁，仍在瑞士联邦专利局工作，却凭借 5 篇论文，在 3 个领域做出了 4 个有划时代意义的贡献。其中，一篇名为《论动体的电动力学》的论文完整地提出了"狭义相对论"。狭义相对论的出现如同一道曙光，指引物理学界走向一个崭新的纪元。

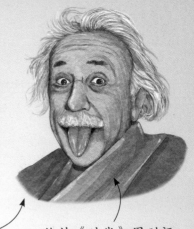

▶ 爱因斯坦

爱因斯坦被认为是继伽利略和牛顿之后最伟大的物理学家。

他被《时代》周刊评选为"世界伟人"。

一切豁然开朗

狭义相对论认为，每个物体都包含着极大的能量，我们之所以感觉不到，是因为我们无法用极大的速度把它释放出来。这就解释了为什么铀、镭等元素可以在质量不变的情况下源源不断地释放大量能量，也解释了太阳为什么可以连续燃烧几十亿年而没有把燃料用尽，还让许多天文学和地质学上的疑问都有了答案。有了这个理论，一切仿佛豁然开朗。

爱因斯坦还指出了"光量子"的存在。光在某些情况下不是连续的，而是一份一份的，每一份能量就是一个光量子。

由狭义到广义

尽管狭义相对论解决了许多问题，但它并不是完美无缺的。1916 年，爱因斯坦又创造了"广义相对论"。与狭义相对论不同的是，广义相对论适用的范围更广。那么相对论到底是什么呢？答案就在下一页，去找找看吧！

▲ 爱因斯坦的学术成果

相对论

我们总听人提起相对论，但大多数人都不清楚相对论究竟是什么。接下来，我们就来浅浅地聊一聊这个问题。

相对论到底说了什么？

说到底，相对论是一个关于时空的理论。在相对论提出之前，大家都觉得时间和空间是绝对的。但爱因斯坦却提出了不同意见，他认为空间和时间都不是绝对的，而是既相对于观察者又相对于被观察者的。物体移动得越快，对旁观者来说，物体的模样就越失真，这也是该理论被称为"相对论"的原因。

▲ 爱因斯坦

一个通俗易懂的解释

关于相对论，有一个通俗易懂的解释：假如一列火车以极快的速度行驶，站台上的人们看到火车从自己眼前经过时，会发现这列火车看上去比实际要短，车上的一切都变小了，人的动作也变得很慢。可是在车里的人看来，火车一切正常，倒是站台上的人变小了，他们的动作变慢了。在站台上的人看来，移动的是火车；但在车里的人看来，移动的是站台。双方之所以会产生两种截然不同的感受，是因为他们自己和移动物体的相对位置发生了变化。

▲ 列车内外的"相对论"

时间是什么？

在我们看来，时间一天天流逝，逝去的时间找不回来，未来的时间又触摸不到。它好像是永恒的、绝对的，什么也阻挡不了它的步伐。但在广义相对论里，爱因斯坦认为时间不是绝对的、永恒的，而是可以更改的，甚至还有形状。它与三维空间结合在一起，形成了所谓的"四维时空"。

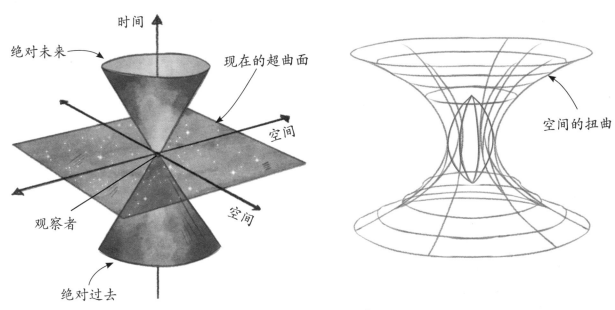

▲ 对四维时空的一种理解

爱因斯坦一生中最大的"错误"

1917 年，爱因斯坦在理论中创造了一个叫"宇宙常数"的概念，它可以抵消宇宙中引力的作用，用来解释物质密度非零的静态宇宙的存在。不过后来，爱因斯坦意识到，在引力场方程式中加入"宇宙常数"是一个错误。

哈勃

爱因斯坦首先提出了"宇宙常数"概念，后来又推翻了自己的说法，称这是自己一生中最大的错误。而让爱因斯坦承认错误的，是另一位科学家的研究成果，这位科学家就是哈勃。

▶ 哈勃

哈勃是美国著名天文学家。

全面发展的天文学家

1889 年，哈勃出生于美国密苏里州。他从小十分聪明，并接受了良好的教育，而且长相英俊，身体素质也很棒，如果他不去研究天文学的话，也可能会成为一个出色的运动员。但哈勃并没有去搞体育，而是考上了著名的芝加哥大学，修读天文学。毕业后，他来到威尔逊山天文台工作，迅速成为 20 世纪最伟大的天文学家之一。

▼ 哈勃用大型天文望远镜观测宇宙

银河系外还有许多星系，称为"河外星系"。

发现河外星系

由于那时科技还不发达，人们的目光只能触及银河系，因此便认为宇宙中只有银河系这一个星系。哈勃首次发现了仙女座大星云的 12 颗造父变星，确认仙女座是一个与银河系一样的庞大天体系统。这表明在银河系外，还存在其他星系。

解决宇宙的基本问题

如果要研究宇宙有多大以及宇宙的年龄这两个基本问题，首先需要弄清楚宇宙中的星系离我们有多远，接着再计算出它在以多快的速度移动，为此需要测出各个恒星的亮度，然后推算出它们的相对距离。这很困难，好在哈佛大学天文台的工作人员莱维特的发现为哈勃提供了绝佳的帮助。

突破性的进展

莱维特通过多次的观测和计算，发现了一种跳动的恒星，我们称它为"造父变星"。这是一种比较罕见的恒星，它的亮度随时间呈周期性变化。莱维特的贡献在于，她发现只要知道造父变星的光变周期，就能知道它的亮度，通过大量的计算就能算出它与地球之间的距离。于是，人类在计算宇宙的范围方面将取得突破性的进展。

▼ 莱维特正在测算恒星的亮度

造父变星可以作为测量天体之间距离的"尺子"

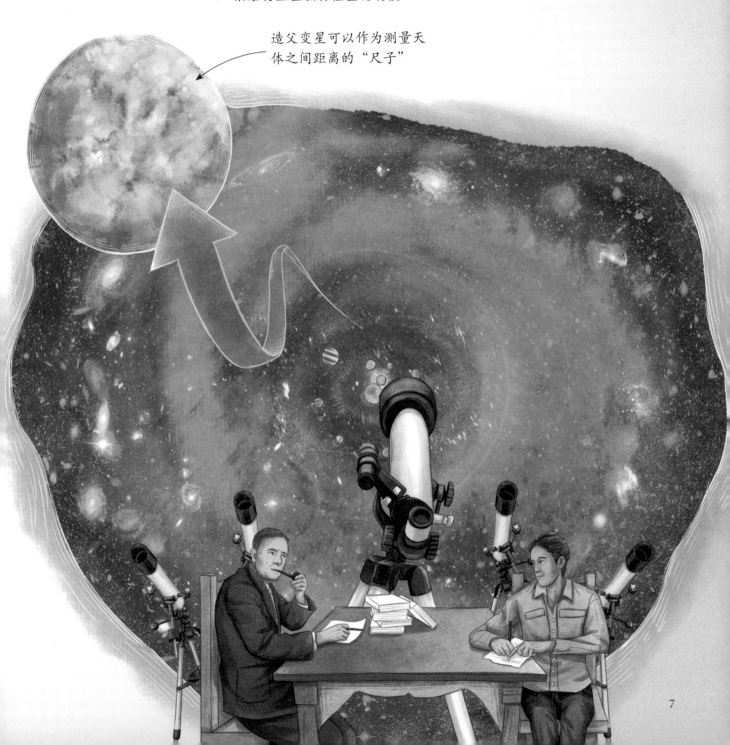

宇宙何其大

哈勃受到莱维特的启发，打开了思路，开始以全新的目光观测宇宙天体，很快就取得了突破。

确认河外星系的存在

之前的天文学家们发现宇宙中有许多薄雾状的东西，他们一直以为那是普通的星云物质。1924年，哈勃成功证明了那并不是星云，而是恒星系统。只是因为它们距离我们太远了，所以才显得模模糊糊。从此，天文学界关于这些星云是近距天体还是河外天体的争论就此结束，人类终于翻开了探索大宇宙的崭新一页。

▶ 宇宙或许曾像烟火一般爆炸

宇宙的起点

哈勃的研究并没有止步于此，他又开始研究另一个问题——宇宙变大了多少。20世纪30年代，哈勃利用天文台的望远镜进行了详细的研究，最终得出结论——所有星系都在离我们远去，离我们越远的星系退行速度越快。这说明宇宙正在膨胀，而且速度很快，也从侧面表明宇宙的膨胀很可能有一个起点。这无形中为后来的宇宙大爆炸理论提供了依据。

勒梅特的宇宙模型

哈勃的理论对科学界产生了重要影响。而在哈勃发表其研究结果之前，比利时天文学家勒梅特就已经发表过相关的论文，提出了"宇宙在不断膨胀"的观点。但由于他的论文是用法文发表的，没有引起足够的重视。直到1931年，他的研究才被翻译成了英文。

巨星陨落

1953年，哈勃去世，20世纪最伟大的天文学巨匠就此陨落。1990年，美国向太空发射了一台太空望远镜，并将其命名为"哈勃太空望远镜"。这台望远镜很好地弥补了地面观测的不足，帮助天文学家解决了许多问题。

宇宙常数解释了宇宙是静止的，而不是运动的。而哈勃的发现则证实了宇宙在不断膨胀，从而指出了爱因斯坦的错误。

哈勃太空望远镜是一个大型天文观测站，于1990年4月24日发射。

▲ 哈勃太空望远镜

走进微观世界

爱因斯坦和哈勃等科学家的研究，使人们对宇宙的了解逐渐加深。除了关注宏观的宇宙外，还有一些科学家在努力研究微观世界。由于微观世界过于微小和神秘，很多人都误以为它离我们很遥远，其实它和我们的生活息息相关。

难以想象的数量

首先，我们来认识一下构成我们世界的微小粒子——原子。虽然我们看不到，但实际上哪里都有原子的身影，并且数量多得难以想象。你呼吸的空气、手里的食物、窗外的树木，它们都是由原子组成的。两个或两个以上的原子结合在一起就成了分子。

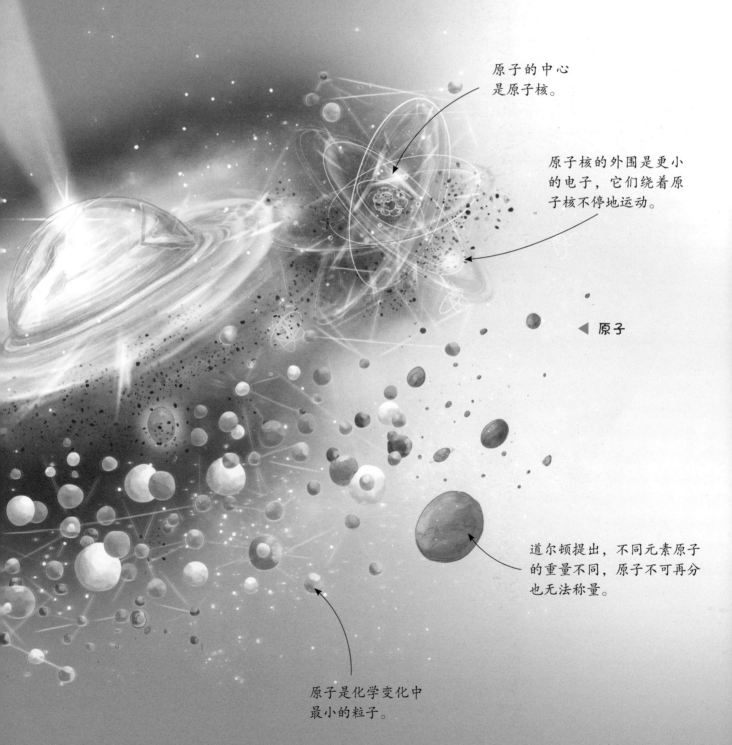

原子的中心是原子核。

原子核的外围是更小的电子，它们绕着原子核不停地运动。

◀ 原子

道尔顿提出，不同元素原子的重量不同，原子不可再分也无法称量。

原子是化学变化中最小的粒子。

原子的大小

我们试想一下原子的大小：1厘米大概是人食指的指甲那么长，如果将它分成等长的一万份，这样每一份的长度就是1微米，接着再把每微米等分成更小的一万份，这样就能用来计量原子的大小。你想象到了吗？

▶ 道尔顿

道尔顿患有色盲，因此他便研究这个问题，并发表了一篇相关的论文。所以，色盲也被称为"道尔顿症"。

道尔顿和原子

其实，原子的这些特点是由一位叫道尔顿的英国人发现的。道尔顿生于1766年，从小家庭贫困。他既聪明又勤奋。1803年，道尔顿第一次提出了"科学原子论"。5年后，道尔顿出版了《化学哲学的新体系》，被誉为原子论的奠基之作。原子论建立后，道尔顿名震英国乃至整个欧洲，各种荣誉也纷至沓来。不过，还有很多科学家根本就不承认原子的存在，认为原子完全是一种子虚乌有的东西。

道尔顿曾经是一名乡村教师。

道尔顿是英国化学家、物理学家。

$$\frac{OF}{PF} = \frac{OD}{PP} = ?$$

▶ 正在讲课的道尔顿

卢瑟福和原子模型

在物理学发展的漫长进程中，有一个十分重要的人——卢瑟福。他发现了原子核的存在，并提出了原子的结构模型，被学界公认为"原子物理学之父"。

"鳄鱼"精神

卢瑟福从小家境贫寒，一度连学都上不起，但他仍然坚持努力学习，最终完成了大学的学业。卢瑟福的后辈因为他这种不畏艰险、勇往直前的精神，把他称作"鳄鱼"。"鳄鱼"精神支持着卢瑟福进入了剑桥大学的卡文迪许实验室，成为著名物理学家汤姆孙的研究生。这位汤姆孙先生可不简单，他是电子的发现者。

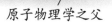

▼ 卢瑟福

原子物理学之父

获得化学奖的物理学家

刚来到卡文迪许实验室时，卢瑟福的事业进展并不算顺利。3 年后，他去了加拿大一所大学教书，之后又转到英国曼彻斯特大学任教。在这里，他首先提出了放射性半衰期的概念，打破了元素不会变化的传统观念，使人们对物质结构的认识深入到原子内部，为原子物理学的开创奠定了基础。因此，他获得了 1908 年的诺贝尔化学奖。

▼ 卢瑟福与团队正在进行试验

"不太聪明"的诺贝尔奖得主

卢瑟福作为物理学家，却在化学领域登顶。他在剑桥大学卡文迪许实验室担任主任时的助手查德威克曾说，卢瑟福不聪明，但是很伟大。卢瑟福坚持着"鳄鱼"精神，不管遇到什么困难都不会放弃，在科学研究上更是如此。正是因为这样，他的学术成就才达到了别人无法企及的高度。

尽管卢瑟福获得了诺贝尔化学奖，但在他心中最重要的学科仍旧是物理。

▲ 正在推导公式的卢瑟福

重要的物理学实验

1911 年，卢瑟福进行了著名的 α 粒子散射实验。他用一连串 α 粒子轰击金箔，结果这些 α 粒子被散射到了不同的方向。这是怎么回事呢？经过反复思考，他觉得那些粒子可能撞到了原子内部某种又小又密的东西。于是，一直隐藏得很深的原子核被发现了。卢瑟福根据 α 粒子实验现象提出了著名的原子行星模型，这是他一生最重要的成果。

通过实验，卢瑟福发现，在原子中心有一个带正电荷的小球体，即原子核。

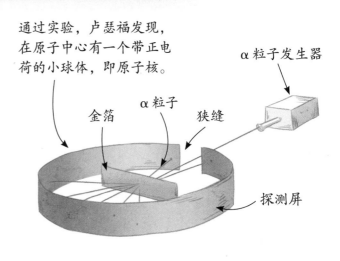

α 粒子发生器

金箔
α 粒子
狭缝
探测屏

▲ α 粒子散射实验

原子的结构

现在我们已经知道原子内部有一个小小的核。接下来，就让我们来认识一下原子的结构。

原子的组成部分

原子通常由三种基本粒子组成——带正电荷的质子、带负电荷的电子以及不带电荷的中子。电子在原子内部按照一定的轨道运转，质子和中子则构成了原子核。质子的数量决定原子的化学特性，质子的增加就意味着元素的改变，例如氢原子只有1个质子，氦原子有2个质子。

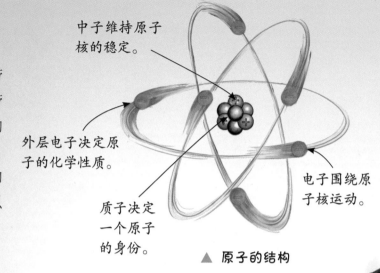

中子维持原子核的稳定。

外层电子决定原子的化学性质。

质子决定一个原子的身份。

电子围绕原子核运动。

▲ 原子的结构

原子核内部，质子和中子是由一种叫"夸克"的小微粒组成的。

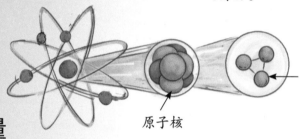

原子核

原子核的重量

原子核体积非常小，仅占了原子全部容量的很小一部分。但就是这么小的原子核，几乎集中了原子所有的质量，占比达99%以上。如果把原子比作一座宫殿，那原子核的体积就像趴在宫殿里某个房间的某张桌子上的某只小虫子，但这只小虫子要比整座宫殿重很多很多倍。

不受宏观规律支配

卢瑟福先后发现了原子核与质子，这是科学的巨大进步，但也给人们带来了几个疑问。根据传统的力学理论，快速转动的电子会在一瞬间把能量消耗完，然后盘旋着飞向原子核并发生爆炸。原子究竟是怎么避免这一现象发生的呢？还有，质子带有正电荷，它是如何跟带有负电荷的电子保持友好的呢？要知道，异种电荷是会相互吸引的。

▶ 关于原子核质量的比喻

原子核就像这只小虫子一样，体积很小，但质量很大。

需要一个新体系

微小的原子既看不见又摸不着，我们对它的所有了解都只能靠想象。物理学家逐渐意识到，在那个小天地里发生的事情并不受宏观世界的规律支配，那里不同于我们所熟悉的任何东西，也不同于我们所能想象的任何东西。如果我们想了解它们，就需要建立一个新的知识体系，于是出现了量子力学。

▼ 卢瑟福在实验室

量子时代

说到量子，一定绕不开一个人，这个人提出了量子假说，并获得了1918年的诺贝尔物理学奖。他是谁呢？他就是普朗克。

普朗克家境优越，从小就受到良好的教育。

普朗克的选择

普朗克读大学期间曾为一件事情烦恼——自己是投身物理学呢，还是继续钻研数学呢？当时，很多人都认为物理学的大部分问题已经被解决了，再怎么研究也取得不了什么成果，于是纷纷建议他继续钻研数学。但普朗克经过一番思考，最终还是选择自己更感兴趣的物理学作为终生奋斗的方向。事实证明，他的选择无疑是正确的。

▲ 少年普朗克

普朗克是德国物理学家。

▼ 吉布斯

吉布斯是美国物理学家、数学家，化学热力学的创立者之一。

低调的吉布斯

普朗克决定研究物理学后，马上就确定了自己的研究方向——热力学。经过多年兢兢业业的研究，普朗克取得了一些重要的进展。但现实无情地给了他一记重击——他的研究成果已经被一位叫吉布斯的科学家研究过了。不过，得知这一点的普朗克并没有气馁，而是认可了吉布斯的先见之明。1879年，21岁的普朗克凭《论热力学第二定律》这篇论文获得了慕尼黑大学的博士学位。

叩响量子时代的大门

后来，普朗克在热力学领域取得了一系列非凡的成就，他写的《热力学讲义》一书更是在几十年里都被认为是热力学经典著作。之后，普朗克又把精力投入到其他方向。此时，世界即将迈入 20 世纪，科学正从看得见、摸得着的宏观物理学转向需要充分发挥想象力的微观物理学，量子时代即将到来！而正是普朗克叩响了量子时代的大门。

▶ 提出量子假说的普朗克

量子时代的第一个迹象

牛顿建立起的经典力学只适用于宏观物理世界。随着时代的发展，人们越来越需要一种能够解释微观世界的新理论。普朗克满足了这个需求。他在 1900 年引入了"量子"概念。新世纪的第一年也是量子力学诞生元年，世界即将发生革命性的变化！

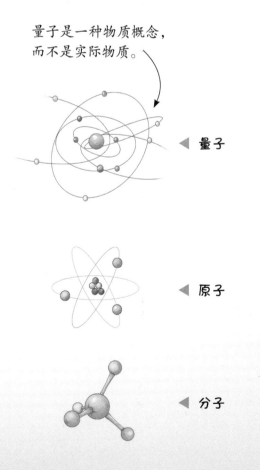

量子是一种物质概念，而不是实际物质。

◀ 量子

◀ 原子

◀ 分子

▼ 普朗克与量子

1918年，普朗克因提出量子假说获得了诺贝尔物理学奖。

神奇的量子世界

卢瑟福为我们证明了原子不是构成物质的最小单位，比原子还小的质子、电子、中子等粒子，它们统称为"亚原子粒子"。这些微小的亚原子粒子构成了我们看不见、却真实存在的微观量子世界。有人将这与普朗克的量子假说结合，提出了更深层的理论。

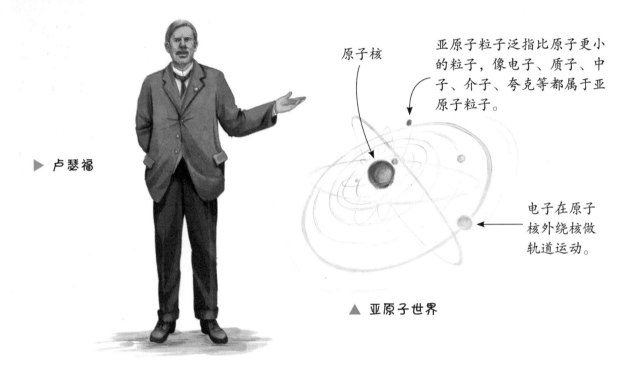

▶ 卢瑟福

原子核

亚原子粒子泛指比原子更小的粒子，像电子、质子、中子、介子、夸克等都属于亚原子粒子。

电子在原子核外绕核做轨道运动。

▲ 亚原子世界

卢瑟福的行星模型

卢瑟福提出了原子行星模型。在这个模型里，带负电荷的电子像行星围绕太阳一样，绕着带正电荷的原子核做轨道运动。在这个微型"太阳系"里，发生作用的不是引力，而是电磁相互作用力。这是一个开创性的理论，但仍存在矛盾。按理说，电子会不断发射电磁辐射，在能量耗尽后坍缩回原子核里，卢瑟福没能解释为什么电子能稳定地待在核外。

玻尔理论

普朗克的量子假说与卢瑟福的原子行星模型引起了一个人的注意，他就是卢瑟福的学生玻尔。为了解决卢瑟福没能解决的难题，玻尔将原子行星模型与量子假说结合，提出：原子中的电子在一些稳定的圆形轨道上运动，不同轨道上的电子属于不同能级。当电子从较高能级跃迁到较低能级时会释放能量，这就是著名的"玻尔理论"。

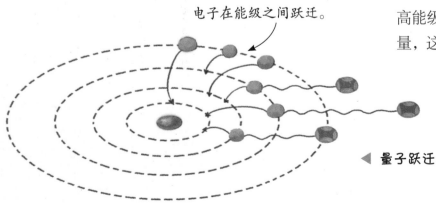

电子在能级之间跃迁。

◀ 量子跃迁

波粒二象性

电子是一种古怪的亚原子粒子，它有时候像粒子，有时候却像波。法国物理学家德布罗意由此提出微观粒子具有"波粒二象性"，即不仅具有粒子性，也具有波动性。奥地利科学家薛定谔根据这个特性，提出了一种描述微观粒子运动状态的新理论——波动力学。与此同时，德国物理学家海森堡提出了一种和波动力学形式不同的理论——矩阵力学。这两种理论的出发点是不同的，但描述的却是同一种物理现象。

不确定性原理

1927年，海森堡提出"不可能同时精确确定一个基本粒子的位置和动量"的观点，这一观点又被称为"不确定性原理"。他认为测量的行为将会扰乱被测量物体本身，从而改变它的状态，这是无法避免的；其次，因为量子世界自身的复杂性，在确定一个粒子的状态时，有着更多想象不到的限制。

薛定谔是著名物理学家，也是量子力学的奠基人之一。

▼ 薛定谔

玻尔的工作启发了海森堡。

▼ 海森堡

不相容原理

1925 年，科学家泡利提出了"不相容原理"，对原子物理学的发展作出重要贡献。他认为，在一个原子中不可能有两个或两个以上的电子处在完全相同的状态。这一原理后来被发现具有更普遍的意义。

▼ 原子中不相容的电子

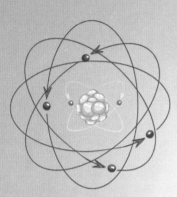

每个电子都可以通过4个"量子数"来确定状态：主量子数、轨道角动量量子数、磁量子数和自旋磁量子数。

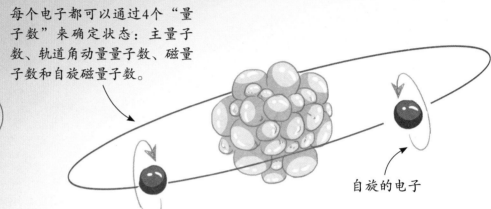

自旋的电子

两个派别

看到这里，你是不是觉得量子世界好复杂，有这么多古怪又不易理解的理论。事实上，许多物理学家也都不怎么喜欢量子理论，因为它的存在一定程度上打乱了宏观物理学的发展。爱因斯坦就对量子力学持保留态度，他认为量子力学是不完备的。此时，就出现了以玻尔为首的量子力学拥护派和以爱因斯坦为首的反对派。双方展开了长期的辩论。

玻尔

▼ 爱因斯坦

爱因斯坦的理论认为宇宙是有序并且可预测的。

玻尔认为在原子或量子级别中存在不确定性。

两套理论

爱因斯坦用相对论完美地解释了行星的运动和宇宙里的很多现象，但是它在粒子层面却不起什么作用，而量子力学的出现解决了很多微观世界的问题。最终，物理学有了两套规律，一套用来解释宏观宇宙，一套用来解释微观世界。我们看似已经把这些问题弄清楚了，但实际上，未来物理学所涉及的一切要更加复杂。也就是说，我们还有很长的路要走。

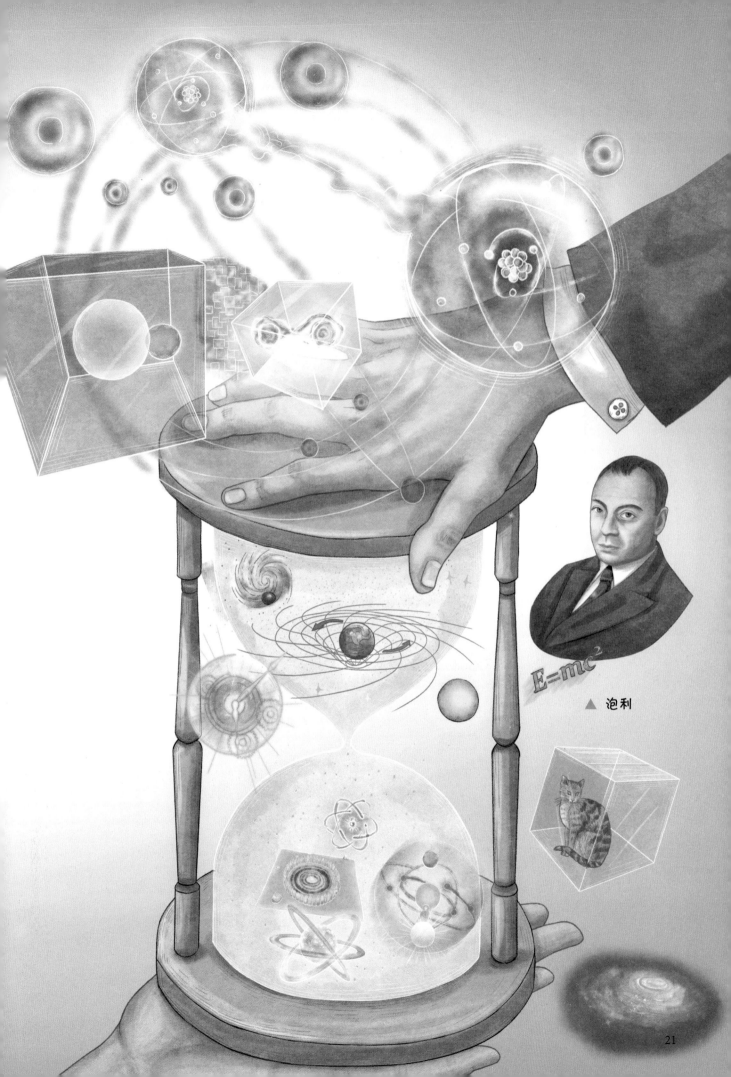

$E=mc^2$

▲ 泡利

智商最高的合影

　　这是一张号称史上智商最高的合影。1927年，为了讨论量子力学，物理学界举行了一次盛会，几乎所有在当时享有盛名的物理学"大神"都来参会了。会议结束后，他们一起拍了这张合影。

下起第一排：朗缪尔、普朗克、居里夫人、洛伦兹、爱因斯坦、朗之万、古耶、威耳逊、理查森
下起第二排：德拜、克努森、布拉格、克拉默斯、狄拉克、康普顿、德布罗意、玻恩、玻尔
下起第三排：皮卡德、亨里厄特、埃伦费斯特、赫尔岑、顿德尔、薛定谔、费尔夏费尔德、泡利、海森堡、
　　　　　　福勒、布里渊

▼ 1927年索尔维量子力学会议

第二章 认识地球

谈到我们赖以生存的地球，你对它的了解有多少？你知道地球的大小和形状吗？你清楚地球的体重吗？你知道地球的年龄吗？科学家们为了弄清这些问题费了很大工夫。接下来，我们就跟着科学家的步伐一起去看看人类认识地球的过程吧。

测量地球的周长

人类一直对自己居住的星球充满了好奇，于是便提出了许多问题。比如，地球的周长究竟是多少？在科技还不发达的年代，测量地球的周长异常困难，但富有智慧的科学家们却用原始的方法解开了这个谜题。

一种神奇又古老的测量方法

古希腊地理学家埃拉托色尼是第一位测量出地球大致周长的人。他听说，在塞伊尼有一口深井，每年中都有一天的正午，阳光会垂直照射到井的底部，说明此时太阳正处于井的正上方。与此同时，亚历山大城的建筑是有阴影的。于是，根据阴影角度以及两地距离等相关数据，他计算出了地球的周长。这个数据与地球的实际周长十分接近。

古希腊建筑

◀ 测算地球周长

测量高塔的影子长度。

古希腊人创造了非凡的天文成就。

三角测量法

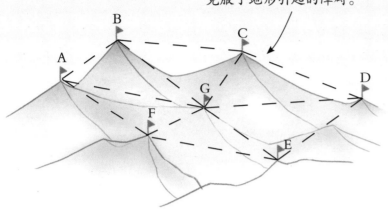

斯涅耳创立了三角测量法，克服了地形引起的障碍。

▲ 用三角测量法测量地球周长

17世纪初，荷兰人斯涅耳首创了一种三角测量法，这种测量方法为后世大地测量学的发展奠定了重要的基础。根据三角形的边角关系，我们可以通过测定起始边的边长和方位角，推算出其他边的长度。这样一来，只需要在地面上选点布网，构成连续的三角形，理论上就可以测算出地面上任意两点之间的距离，同样也可以测出地球的周长。

一位来自英国的勇士

英国数学家诺伍德想要算出一条经线的长度，进而计算出整个地球的周长。于是他背着一根链子从伦敦出发，一边走一边测量链子的长度。在此过程中，他考虑到地形的起伏、道路的弯曲，始终一丝不苟地对数据进行校正。他就这样走啊走，走到了约克，最终测算出这段经线的长度是110.72千米，与正确答案只差不到550米。

诺伍德为了算出经线的长度，走了两年。

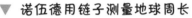

▼ 诺伍德用链子测量地球周长

新的结果

在法国，天文学家皮卡尔在埃拉托色尼的原理基础上，又测量了一遍地球的周长。这一次他提高了测量精度，测算出了地球的周长有多长。他得出的数值和我们地理课本上的数值很接近。在科技发达的今天，我们能够轻松知道地球的赤道周长约为4万千米。

▼ 皮卡尔

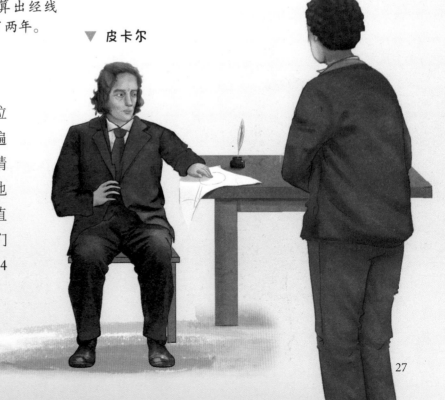

确定地球的方位

在弄清楚了地球的周长之后，人们又开始思考其他问题，例如地球在太阳系中的方位。这次，科学家们又想到了什么神奇的招术呢？

▲ 用三角测量法测量日地距离

一个设想

英国天文学家哈雷曾经提出一个设想：当发生金星凌日现象时，我们在地球上选几个位置进行测量，就能用三角测量法计算出地球到太阳的距离，甚至可以计算出地球到太阳系其他天体的距离。

一件遗憾的事

遗憾的是，金星凌日现象并不经常发生。金星凌日的周期也非常复杂，在243年中发生了4次，两次之间的间隔分别是8年、121.5年和8年。4次凌日过后，还有100多年的等待期。哈雷有生之年没有赶上金星凌日，在他去世19年后，也就是1761年，金星凌日终于来临。科学界为了观测这次现象，做了大量的准备。不过，貌似工作进行得也不太顺利……

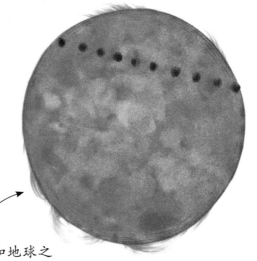

当金星运行到太阳和地球之间时，我们在太阳圆面上会看到一个小黑点穿过，这种现象称为"金星凌日"。

▲ 金星凌日

▶ 哈雷

齐心协力的科学活动

在18世纪，小范围的国际合作考察活动时有出现，因为要全面了解地球，只靠一个国家的努力是不够的。这次金星凌日同样引起了世界各地天文学家的注意。根据测量法的要求，需要科学家们在地球的不同地区进行观测才能得出更精确的数值，因此国际间展开了广泛合作。各国的观测者带着仪器和满腔热情，奔向全球各地的观测点。

一个倒霉的观测员

法国观测员勒让蒂提前一年就从法国出发了，又坐马车又乘船，但还是错过了第一次金星凌日。到达印度后，他决定留下等待 8 年后的第二次金星凌日。在这 8 年里，他建立了一个一流的观测站，做好了全面的准备。1769 年，金星凌日如期而至。起初天空还很晴朗，但就在金星凌日开始前，天空中突然乌云密布，雷电大作。而当雷雨过去，金星凌日已经结束了。

▼ 旅途中的观测人员

观测人员在途中困难重重。

▼ 早期科学家利用望远镜进行观测

成功的观测

在这场盛大的观测活动中，有些人因天气不佳等原因没能成功观测，有些人却取得了成功。法国天文学家拉朗德就是一个幸运儿。通过这次观测，他改进了太阳视差的计算方法，为计算地球与太阳之间的距离提供了关键数据。这些数据为人们确定地球的方位提供了宝贵的材料。

称一称地球的重量

地球的重量是多少呢？牛顿发现万有引力，为称重工作带来了希望。根据牛顿的设想：一根悬挂着铅块的垂线会受地球引力的影响而垂直指向地心，但如果铅垂线附近有一座大山，铅垂线就会因大山的引力稍微向大山倾斜。假如我们知道倾斜的角度和大山的质量，就可以算出地球的重量。于是科学家们又找到了奋斗目标，并开始行动起来。

▼ 马斯基林带领考察队来到希哈利恩山

马斯基林是英国天文学家，毕业于剑桥大学。

马斯基林率领研究小组在野外驻扎，进行测量。

寻找一座合适的山

英国天文学家马斯基林想验证牛顿的设想，于是请勘测家梅森去寻找一座合适的山。经过一番寻找，梅森选定了位于苏格兰的希哈利恩山。

▲ 希哈利恩山

测量队的经历

合适的山终于找到了，测量任务就可以开始了。1774年夏天，马斯基林带领着测量队来到希哈利恩山，通过实验获得了一系列数据。数据有了，可谁来进行计算呢？数学家赫顿帮助马斯基林完成了这项任务。

▼ 等高线

等高线的发明

计算工作异常麻烦，因为测量数据非常繁杂，测量员们在地图上标了几十个数据，每个数据都代表山上某个位置的高度。聪明的赫顿想到一个好办法——用笔将地图上高度相等的点连起来，这样山的地形、坡度等就一目了然了。这种神奇的线条就是此后地理地质测量中经常会用到的等高线。

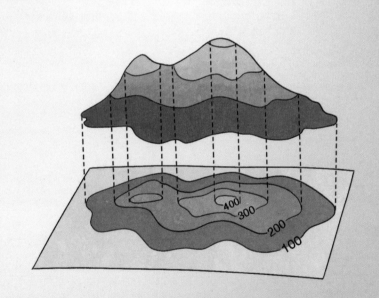

得出计算结果

经过一番艰苦的计算，赫顿终于算出了地球的重量是5000万亿吨。如此庞大的数字，虽然与地球的实际重量有偏差，但却是人类获得的第一个比较靠谱的数据。有了这个数据，人们在地球质量的基础上，还可以推算出太阳系里其他天体的质量。

更精密的计算

赫顿计算出的结果并没有得到所有人的认可。实际上，这个实验确实有不足之处。赫顿并不清楚这座山的真正密度，只是假设它和普通石头的密度一样。否定这个数字的科学家认为，连这座山最根本的密度都不确定，怎么可能计算出地球的真正重量呢？

地震学之父

英国科学家米歇尔也对地球的重量问题产生了兴趣。米歇尔擅长的领域有很多，他被后人称作"地震学之父"，还是第一位提出黑洞概念的科学家。米歇尔设计了一个扭秤来测量地球的重量，可惜的是，在实验完成前他就去世了。扭秤几经辗转，来到了他的好友卡文迪许的手中。功夫不负有心人，最终，卡文迪许改进了扭秤，成功测出了地球的重量。

▼ 黑洞

◀ 米歇尔

米歇尔是第一位将统计学应用于恒星研究的科学家。

米歇尔曾对磁场进行了大量开创性研究。

▼ 地球磁场

性格孤僻的人

卡文迪许是个十分孤僻的人，几乎不参加社交活动，只是偶尔参加科学聚会。即使参加聚会，他也只是躲在安静的角落。假如有人和他搭话，他会恨不得立刻夺门而逃，就连他的仆人都是通过纸条和他进行交流。别看他性格古怪，他可是计算出地球重量的关键人物。

卡文迪许出身显赫，是第二代德文郡公爵。

▶ 中老年时期的卡文迪许

终于得出了地球的重量

1797年，66岁的卡文迪许进行了米歇尔未完成的实验，他通过"扭秤实验"验证了牛顿的万有引力定律，从而确定了引力常量和地球的平均密度。他所测量的地球密度与现在的数据误差已经很小了，这也令他成为"称量地球第一人"。

低调的卡文迪许

卡文迪许毕生致力于科学研究，他不仅测出了引力常量，还证明了水和空气的组成。他在化学、物理学等诸多领域都做出了重要的贡献。在他去世后，人们发现并整理了他的笔记手稿，世人这才知道他的伟大。

为了进行实验，卡文迪许把自己的一座别墅改成了实验基地。

▼ 卡文迪许

地质学的起步

18 世纪是一个科技变革的时代，也是人们求知欲旺盛的年代。人们对许多问题都有着浓厚的兴趣，比如石头是怎么形成的。为了弄清楚这个问题，科学家们展开了长期的讨论。

▼ 陆地上的高山

高山的形成需要漫长的时间。

一位伟大的地质学家

1726 年，赫顿出生于苏格兰。他先后学习了法律、化学、医学，后来又继承了父亲的一座农场，有了大量的时间到野外进行考察。在考察的过程中，他对地质学产生了浓厚兴趣，后来自学成才，更是提出了火成论，从一个侧面揭示了一些地质现象的成因。

两个派别

地壳主要是由石头构成的，那么石头又是怎么形成的呢？人们对此争论不已，并逐渐形成了两种对立的观点——"水成论"和"火成论"。水成论一派认为，岩石是由水中的物质慢慢沉积形成的；火成论一派则认为，岩石是由熔融的岩浆冷却堆积形成的。在长期的争论中，火成论一度获得了更多的认可，而火成论的创始人就是赫顿。

地球内部的激烈活动导致地震和火山喷发，促使新的岩石和大陆形成，原本的海底也变成高山。

▼ 火成论与水成论的争论

赫顿的想法

赫顿观察到自然界复杂的地质构造，认为地层都是在漫长的历史中逐渐沉积下来的。赫顿曾形容这个时期是"没有开始，也没有结束"。赫顿很聪明，但却不知道怎么把自己要表达的意思写成大家都能理解的文字。1785 年，赫顿将自己关于地球的观点进行了总结，写了一篇又长又晦涩的论文，不出意料地没有引起人们的注意。之后，赫顿又花了10 年时间将它做了扩充和解释，写成一本书，但读者依然少之又少。

幸好有一位好朋友

赫顿的这一弱项使他的发现无法得到大家的认可，幸好，他遇到一位既懂他想表达的思想又擅长写作的好友普莱费尔。在普莱费尔的帮助下，赫顿的理论变得通俗易懂多了，这才渐渐受到学界的广泛认可。但此时，赫顿已经去世 5 年了。

▲ 普莱费尔

▼ 赫顿在田地里进行土壤研究

地质学会的创始者

赫顿在有生之年都没能看到地质学被人理解。在他去世 10 年后，一个专门讨论地质学的俱乐部在伦敦悄然成立了，这就是后来大名鼎鼎的伦敦地质学会。

盛况空前的学会

1807 年，在伦敦成立了一个俱乐部，13 位对地质学感兴趣的绅士、学者时常举办聚会，谈论关于地质学的问题。这个俱乐部就是后来大名鼎鼎的伦敦地质学会。学会的成员不断增加，一度成为英国最重要的科学社团之一。

▼ 地质学会的成员们

伦敦地质学会是世界上最古老的地质学会之一。

19世纪，欧洲男子流行戴高筒礼帽。

19世纪，欧洲典型的男装是西装外套和马甲。

投身地质学的莱伊尔

莱伊尔 1797 年出生于苏格兰。大学毕业后，莱伊尔从事法律行业，直到 1827 年才决定投身地质学，并在 1849 年成为伦敦地质学会的会长。莱伊尔在著作《地质学原理》中提出"均变论"，认为地球的变化是古今一致的，地质作用的过程是缓慢的、渐进的。地球的过去，可以通过现今的地质现象来认识。

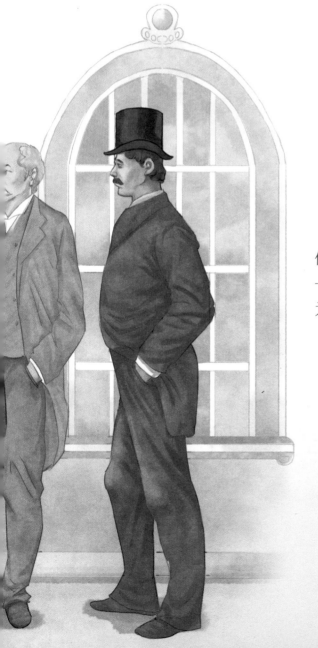

莱伊尔是地质学的奠基人之一。

▲ 莱伊尔

▶ 地质学会的会员们在进行野外挖掘

帕金森的学术成就

帕金森也是地质学会的重要成员之一。除了地质学，他还擅长医学。1817 年，62 岁的帕金森发表了世界上第一篇关于帕金森病的论文——《关于震颤麻痹的研究》。为了纪念他的贡献，这种病症被正式命名为"帕金森病"。

帕金森兴趣广泛，在医学、地质学等方面都颇有建树。

▲ 帕金森

弄清楚地球的年龄

地质学发展起来后，科学家们开始研究一个令人困惑许久的问题——地球多少岁了。要解开这个谜题，先要解决地质年代如何划分的难题。在科学界，人们各执一词，便展开了长期的争论。

▶ 开尔文

开尔文勋爵原名汤姆孙。

开尔文勋爵是著名物理学家，被称为"现代热力学之父"。

地质年代

地质年代主要有 5 个时间单位，分别是宙、代、纪、世、期。地球经历了冥古宙、太古宙、元古宙和显生宙等地质时期；离我们最近的显生宙又可以分为古生代、中生代和新生代；这 3 个代还分为好几个纪，我们比较熟悉的纪有侏罗纪、白垩纪等；纪之内还有世、期这样划分更细的单位。

激烈的争论

那时，科学家试图用岩石的形成时间来进行分类，但因为研究结果总有分歧，所以经常爆发激烈的争论。比如，有人认为某层岩石的地质时代属于寒武纪，但另一位地质学家认为它应该属于志留纪，于是双方争论不休。直到后来有人提议在两个纪中间再加一个奥陶纪，这场激烈的争论才算结束。

▼ 人们为岩石所属的年代争论不休

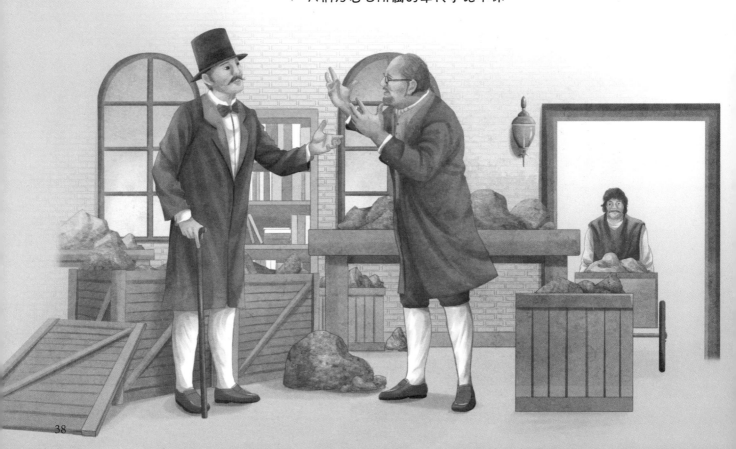

计算失误

进入 19 世纪，大多数科学家认为地球的年龄大概是几千万年，其中也包括开尔文勋爵。开尔文是电学、热学等方面的科学家，但他几乎把下半辈子的时间都耗费在计算地球的年龄上。很明显，几千万年这个年龄对于地球来说太年轻了。那么，到底怎样才能得知地球的年龄呢？

生活在三叠纪到白垩纪时期的翼龙

▼ 不同年代的古生物

生活在白垩纪时期的暴龙

生活在侏罗纪晚期的圆顶龙

生活在中新世到更新世的剑齿虎

生活在三叠纪时期的长颈龙

奇怪的骨头

就在科学家们为了测定地球年龄而伤透脑筋的时候，大量的化石被发现了。这可帮了科学家们的大忙，因为通过测定化石年龄，能够判断地球的年龄。

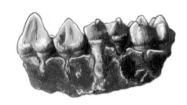

◀ 化石

一块重要的骨头

曼特尔是一名医生，但他有个特殊的爱好——收藏化石标本。1822 年，他与妻子在出诊的路上发现了一些奇特的牙齿化石。曼特尔见到如此大的牙齿化石惊喜不已，立马拜访了几位专家，但专家们都认为这些化石没有什么特别的意义。直到后来，经过进一步的比对和研究，科学家们为这种前所未见的生物确立了一个名称——恐龙。

化石有什么用？

化石存在于远古地层中，是地质历史时期生物的遗体变成的石头。因此我们可以通过化石了解生命的起源与演化，还可以推测出地球在各个地质时期的生态环境。根据不同地质时代形成的化石生长线，能计算出其对应的地质年代一天的时间长度，进而算出地球在不同时期的自转速度。

▼ 曼特尔

化石陈列架

化石装饰

为了搜集化石，曼特尔欠了很多债。

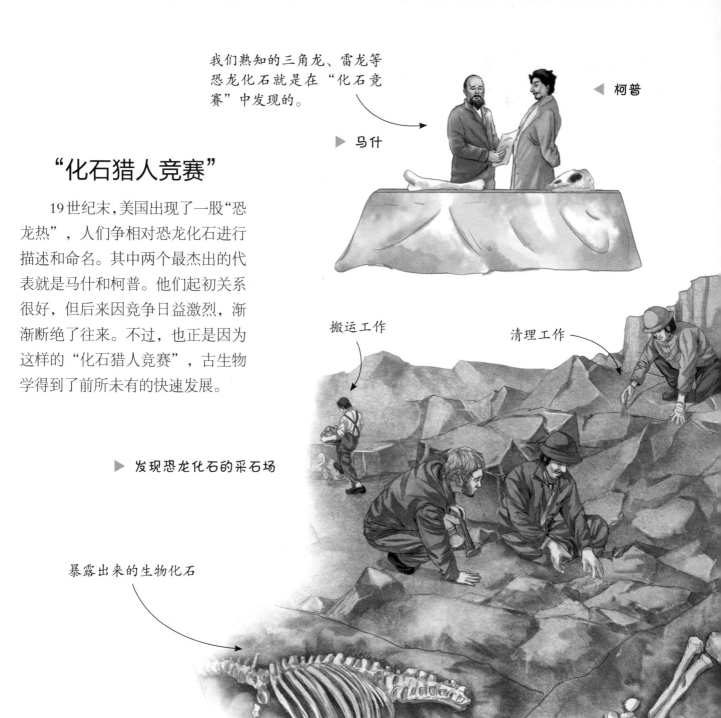

我们熟知的三角龙、雷龙等恐龙化石就是在"化石竞赛"中发现的。

▶ 马什

◀ 柯普

"化石猎人竞赛"

19世纪末,美国出现了一股"恐龙热",人们争相对恐龙化石进行描述和命名。其中两个最杰出的代表就是马什和柯普。他们起初关系很好,但后来因竞争日益激烈,渐渐断绝了往来。不过,也正是因为这样的"化石猎人竞赛",古生物学得到了前所未有的快速发展。

搬运工作

清理工作

▶ 发现恐龙化石的采石场

暴露出来的生物化石

◀ 卢瑟福

终于知道了地球的年龄

开尔文勋爵认为,地球的年龄大概只有2400万年。而地质学家则认为,地球的年龄至少有上亿年。双方公说公有理,婆说婆有理。直到物理学家卢瑟福提出,放射性核素的自然衰变可以作为衡量宇宙时间的尺度,地质年代的研究才有了新的方法。

卢瑟福的新发现

卢瑟福找到了计算地球年龄的新方法，这个方法是如何找到的呢？

地球的热量来源

我们的地球内部含有巨大能量，它们不仅对地球的地质结构和生态环境有重要影响，而且对人类社会的发展也具有不可忽视的作用。那么地球内部的这些能量是如何产生的呢？其中，放射性元素有很大功劳。地球内部含有许多放射性元素，它们的自然衰变释放了大量的热能，为地球提供了热量。

我们好像找到了方法

卢瑟福发现，对所有放射性元素而言，其原子核衰变到只剩一半时所花费的时间是固定不变的，那么，这种稳定的衰变速度是否可以当作一个定量，只要计算出一种放射性元素现在有多少放射量、在以多快的速度衰变，就可以推算出它的年龄呢？

衰变

放射性元素的核数目会因为放射性而减少，我们称之为"衰变"。在这个过程中，核数目减少至原来的一半所需的时间被称为"半衰期"。发生自原子核内部的衰变并不受外界环境的影响，这就使得半衰期成为我们计算放射性元素年龄的最好依据。

▼ 观察放射性元素的衰变

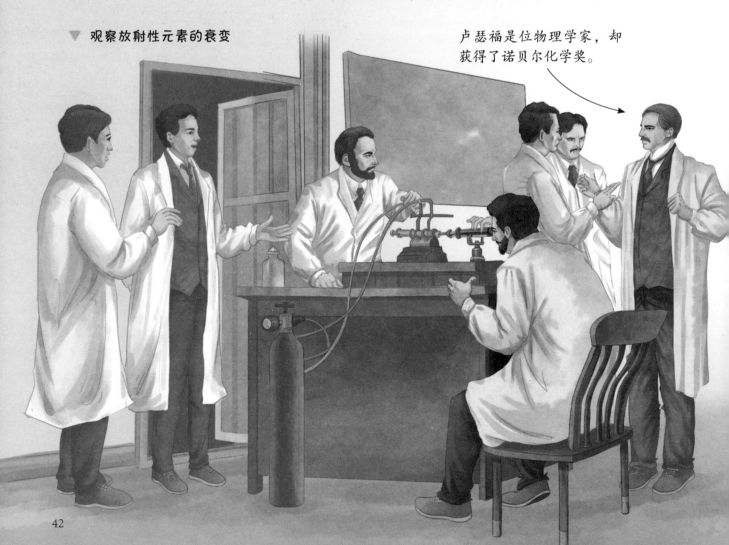

卢瑟福是位物理学家，却获得了诺贝尔化学奖。

▼ 关于地球年龄的争论

▼ 卢瑟福讲述他的发现

对地球年龄的新判断

卢瑟福发现放射性核素有半衰期，为测定地球的年龄提供了很好的方法；他还对铀矿物进行了定年，得出的结果为5亿年左右。这个结果证明开尔文对地球年龄的计算方法是错误的。

▶ 卢瑟福

认识的进步

相比过往的科学家而言，卢瑟福对地球的认识程度前进了一大步，他的研究对于解决地球年龄的问题起到了关键作用，也为后来的地球科学研究奠定了基础。

碳年代测定法

按照化学元素测年的思路，一个聪明人很快找到了新方法，为考古学提供了很大的帮助。这个人是谁？他是怎么做到的？

一个天然计时器

这个聪明人不是别人，正是著名的化学家利比，他是美国芝加哥大学的化学教授。利比发现地球上曾经存在过的生物体内都有一个天然计时器——放射性碳，也就是碳 -14。碳 -14 的衰变速率是已知的，只要再确定生物体中碳 -14 的含量，科学家就能计算出生物所在的确切年代。

▲ 利比

碳 -14 测年法的发明对于考古学定年具有极其重要的意义，利比也因此获得了 1960 年的诺贝尔化学奖。

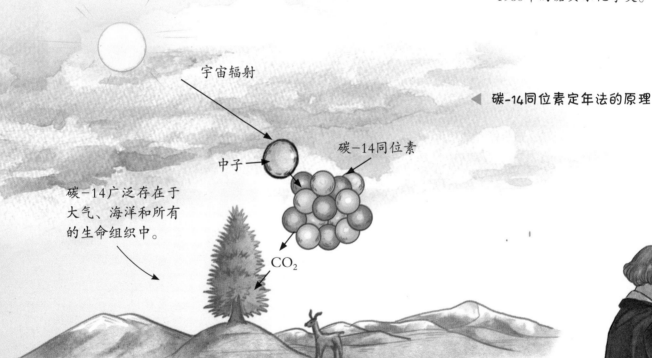

宇宙辐射

碳 -14 同位素

中子

◀ 碳 -14 同位素定年法的原理

碳 -14 广泛存在于大气、海洋和所有的生命组织中。

CO_2

何谓碳 -14？

碳 -14 是碳原子的一种放射性同位素，是由宇宙射线与地球大气中的元素通过核反应产生的中子与氮 -14 作用形成的。植物和动物从大气中不断吸收二氧化碳，同时也会吸收碳 -14，这种活动直到生物死亡才会停止。到那时，生物体内的碳 -14 只衰减不增加。碳 -14 的半衰期十分漫长，约为 5780 年，因此只要测出剩余的碳 -14 比例，就可以确定生物存在的年代了。

碳-14的大用场

只要某种物体含有有机物，科学家就能测出它的年龄，例如房屋、纸张、衣服以及煤屑等。1950年，利比试着用这个方法测定了金字塔的建造年代，结果和史书上记载的时间十分吻合，这说明碳-14测年法准确度很高，算出的结果值得信任。它简直就是考古界的神器！

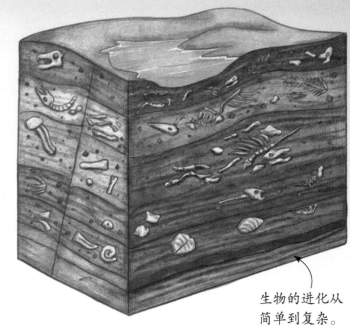

生物的进化从简单到复杂。

▲ 不同地层化石模式图

▼ 碳-14测年法可以测定金字塔的建造年代

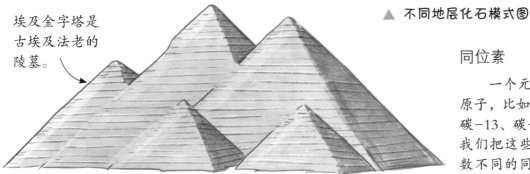

埃及金字塔是古埃及法老的陵墓。

同位素

一个元素中不全是一样的原子，比如碳元素中有碳-12、碳-13、碳-14等不同的原子。我们把这些质子数相同而中子数不同的同一元素的不同核素称为"同位素"。在确定地球年龄的问题上，同位素发挥了巨大的作用。

▼ 利比和他的团队正在研究

研究人员在夜以继日地工作。

碳-14的研究改变了考古学的面貌。

用陨石测年

碳-14年代测定法可测量的年代范围有限，因此虽然僵局被打破，但测年问题终究没有完全解决。那时，地质学研究也遇到了瓶颈期。人们该怎么应对这一情况呢？

地质学的英雄人物

彼时，地质学已经是冷门学科，不仅受到的关注越来越少，资金也十分匮乏。但有些地质学家还在苦苦坚持，其中就有英国的霍姆斯教授。在很长一段时间里，霍姆斯都是所在大学地质系唯一的工作人员，有时为了养家糊口，他不得不暂时放下研究去做别的工作。所谓功夫不负有心人，1946年，霍姆斯终于取得了重大成果，即发现地球至少已经存在了30亿年。

▲ 霍姆斯

布朗与彼得森

与此同时，芝加哥大学的布朗发明了一种测定火成岩中铅同位素的新方法，但布朗深知这项工作将会相当乏味，于是就把这个课题交给了年轻的彼得森。布朗向彼得森保证，用这个新方法，一定能轻而易举测定地球的年龄，结果彼得森一干就是好多年。

◀ 布朗与彼得森

铅同位素测定法是彼得森的研究方向。

46

由岩石到陨石

彼得森默默研究了许多年，一丝不苟地挑选着岩石标本，从中测量铀和铅的比例。可与地球年纪相仿的岩石太过稀有，太多岩石样品让他徒劳无功，他只能在极度缺乏实验样本的情况下坚持工作。又过了许久，彼得森偶然间把注意力放在了与地球年龄相近的太空岩石——陨石身上。

火成岩即岩浆岩，是地下岩浆侵入地壳或喷出地表后，冷却凝固而成的岩石。

▲ 火成岩

▲ 彼得森在研究陨石

地球终于有了年龄

大部分陨石都是太阳系早期遗留下来的，其内部多多少少都还保存着原始的化学结构。假如能够测出这些陨石的年龄，地球的年龄也就迎刃而解了。但陨石也不好搜集，彼得森花了 7 年时间才搜集到一点儿能够做实验的陨石。经过实验，他终于在 1953 年得出了结论——地球的年龄为 45.5 亿年左右。这和我们现在算出的数字相差无几。经过科学家们 200 多年的努力，地球终于确定了年龄！

最初，地球的年龄为45.5亿年的研究结果遭到了很多人的质疑。

▶ 地球的年龄已经有45.5亿年

第三章 移动的地壳

20 世纪初，一些科学家发现了一种奇怪的现象——同一种动物的化石在不同大陆出现。这究竟这是怎么回事呢？很明显，这些动物凭自己小小的身躯肯定越不过广阔的海洋。那它们是怎么过去的呢？大家讨论来讨论去，提出了很多假设，只有一种解释比较合理——地壳在移动。

惊人的巧合

▲ 魏格纳偶然间发现了地图上存在的巧合

在很长一段时间里，人们都认为地球自形成以来，大陆和大洋的位置都是固定不变的。即使有什么变化，也只是原地的升降，而不是左右移动。但有一个人提出了不同的观点，认为地壳不但会垂直升降，而且发生过大规模的水平运动。这个人就是魏格纳。

病中的发现

魏格纳是一位来自德国的气象学家。1910 年，魏格纳在观察地图时发现，非洲西岸和南美洲东岸的轮廓非常吻合。大西洋两岸的两个大陆的轮廓可以对应，尤其是巴西东部有一个突出的直角，与非洲西侧的几内亚湾可以拼合成一个完整的大陆块。这难道仅仅是一个巧合吗？还是说有其他原因呢？他开始苦苦思索。

培根是英国哲学家。

拉夫领在文艺复兴时期风靡欧洲。

◀ 培根

哲学家的地理发现

其实，早在 17 世纪就有人发现了这个现象，他就是英国哲学家培根。1620 年，培根发现，南美洲的东海岸和非洲的西海岸居然可以完美衔接在一起。

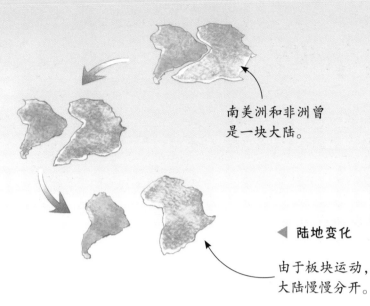

南美洲和非洲曾
是一块大陆。

相同的岩石构造

回到 20 世纪，苦苦思考中的魏格纳忽然灵光一闪，猜想会不会这些大陆本来就是连在一起的，后来由于地球不断运动，才慢慢变成今天的模样。为了证明自己的猜测，魏格纳跑到世界各地去考察地层，最终发现有些地方的地层与岩石具有相似的构造。

◄ **陆地变化**

由于板块运动，
大陆慢慢分开。

另一个重要的证据

还有一个重要的证据，那就是地层中的动植物化石。早在魏格纳之前，古生物学家们就发现一种生活在欧洲的蜗牛的化石出现在大西洋对岸的北美洲，显然，以蜗牛的速度根本不可能爬那么远。而另一种古代蕨类植物化石更是广泛分布在大洋洲、非洲和南美洲，植物连腿都没有，更不可能自己跑来跑去。这所有的证据都表明，大陆曾经是连在一起的。

▼ **魏格纳到世界各地考察**

海岸边的岩石是许多
地质活动的证据。

"板块学说" 的争鸣

在魏格纳之前，地质学家们也在想办法解释为什么不同地区的岩石有着相似的构造，以及那些奇怪的化石究竟是怎样形成的。我们来听听他们是怎么说的。

古老的海洋

奥地利地质学家修斯认为，古代的陆地可分为 5 个大陆块。根据亚欧陆块西南部的海陆结构和阿尔卑斯山脉的地质结构特征，他认为曾存在一个主要呈东西方向延伸的古海洋，并称其为"特提斯海"。如今连接非洲、欧洲等地的一系列具有明显连续性的山链就是特提斯海的位置。

▲ 地质学家的思考

地质学家们认为陆桥是一条窄长的陆地，跨越整个海洋。

▼ 连接两个大陆的陆桥

动物们通过陆桥跨越海洋。

架起一座桥

关于那些化石的分布，美国地质学家舒克特认为，古时候的海洋比现在要浅得多，在今天的各大洲之间曾有一些狭长的陆地，我们称之为"陆桥"。生物可以通过陆桥到各个大陆去转悠。后来由于地球的垂直运动，海洋变深了，陆桥便被淹没了。这样一来，化石的问题就说得通了！于是地质学家们在需要解释的地方都"架"起了陆桥，大西洋、印度洋等大洋上，到处都是假想的陆桥。

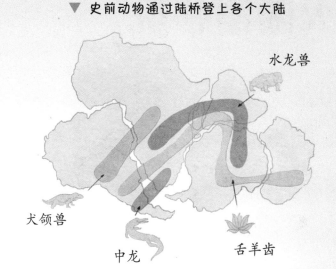

▼ 史前动物通过陆桥登上各个大陆

水龙兽

犬颌兽

中龙

舌羊齿

无法解释的事情

陆桥这种没有依据的假说，在当时一度成了地质学的正统观念。不过，很快就出现了一个新情况，即使用陆桥也无法解释。发现于欧洲的一种三叶虫化石在美国西北部的太平洋沿岸也出现了，但在中间地带却无影无踪。难道在很久很久以前不仅有陆桥，还有"立交桥"吗？谁也无法给出令人信服的解释。

泰勒的先见之明

其实早在魏格纳之前，美国的一位地质学家泰勒就提出了一个大胆的想法——大陆曾经到处滑动。这很有先见之明，不过他没有找到什么令人信服的证据，最后不了了之。魏格纳后来很可能发现了泰勒的观点，并从中受到一些启发，从而提出了自己的观点。

泰勒曾提出大陆可到处滑动的观点。

▼ 泰勒

大陆漂移说

1912 年，魏格纳经过慎重思考和多次考察后，正式提出了大陆漂移说。这是一种什么样的假说？它会给科学界带来怎样的影响？

泛大陆理论

大陆漂移说认为，世界上的陆地在很久很久以前都是连在一起的，它们共同组成了一个巨大的陆块——"泛大陆"。在那时，植物群和动物群混杂生活在一起，而周围是辽阔无比的海洋。后来，在地球自转产生的离心力和潮汐摩擦力的共同作用下，泛大陆开始破裂并发生漂移，逐渐形成了今天陆地和海洋的分布情况。

▼ 魏格纳率领探险队赴格陵兰岛考察

▼ 大陆漂移说

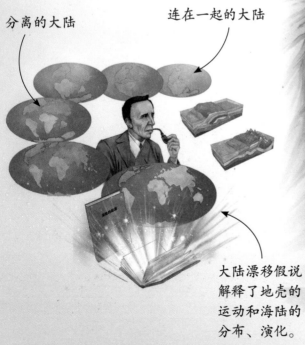

分离的大陆

连在一起的大陆

大陆漂移假说解释了地壳的运动和海陆的分布、演化。

反对的声音

魏格纳的"大陆漂移说"一经发表，立刻引起了全球地质学界的轰动，许多科学家受到了启发，但也有很多人极力驳斥，认为他的观点十分荒谬。或许，传统的地质学家们怎么也想象不出，坚硬的岩石是如何漂浮的。

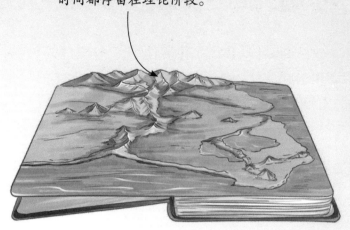

魏格纳的大陆漂移说很长一段时间都停留在理论阶段。

葬身冰雪世界

在一片反对声中，魏格纳并没有退缩，而是数次前往格陵兰岛搜集证据。1930年，魏格纳率领探险队第四次登上格陵兰岛考察。不幸的是，就在魏格纳50岁生日的第二天，他遭遇了暴风雪，从此葬身在了这个冰天雪地的世界。不过，令人欣慰的是，后来科学界的一系列发现使大陆漂移说得到了科学的解释，并为后世地质学的发展奠定了基础。

▼ 魏格纳的学说遭到许多地质学家反对

当时的地质学家们认为魏格纳的理论违背了他们关于地球的一切认知。

大陆漂移理论最无法让人信服的，是魏格纳无法解释到底是什么力量在推动大陆移动。

海底扩张说与板块构造学

20世纪50年代，科学技术已经比以前进步了很多。我们能利用放射性同位素测定地球上岩石的年龄，当然也包括海底的岩石。大陆漂移说与其他新理论的提出，令人们对地球的认识越来越接近地球的真相了。

年龄不同的岩石

通过测量，人们发现陆地上最古老的岩石比海洋里最古老的岩石年龄大得多。为什么会有这样的差距呢？还有一个奇怪的现象是，在大西洋里，离洋中脊较近的海底平顶山更加年轻，也更加靠近海面，而离洋中脊较远的海底平顶山则更老，距离海面也更远。这又是为什么呢？

赫斯曾发现很多海底平顶山，认为这是海浪日积月累的侵蚀将露出海面的山头削平造成的。

▲ 赫斯

海底扩张说

1960年，赫斯提出了著名的海底扩张说，认为洋中脊的位置是新地壳产生的地方。不断上升的地幔物质从洋中脊涌出，进入海洋后冷却并凝固，从而变成洋底的新地壳。新地壳不断推动着原先存在的地壳向外运动，直到到达大陆的交界处——海沟或者岛弧才停止。这时，地壳会向下运动，一直到达地球内部并熔融于地幔。这样就解释了为什么越靠近洋中脊的岩石越年轻。

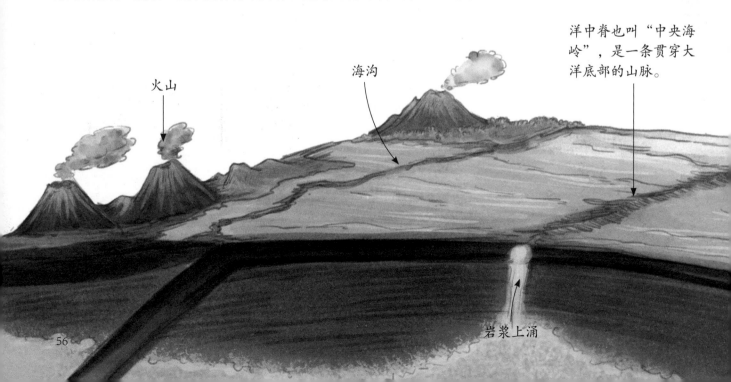

火山

海沟

洋中脊也叫"中央海岭"，是一条贯穿大洋底部的山脉。

岩浆上涌

软流层物质上涌

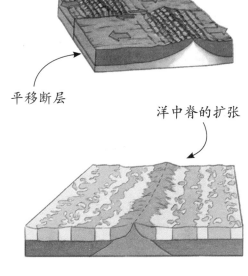

平移断层

洋中脊的扩张

▲ 地质运动

丛海底扩张到大陆漂移

　　越来越多的证据证明了海底扩张说的正确性，沉寂了 30 年的大陆漂移说也被人重新拾起。过了一段时间，人们发现不光是大陆在移动，整个地壳都在运动，"大陆漂移"这个名称已不再适用了。

板块构造说

　　1967 年，地球物理联合会召开，摩根在会上做了发言。他认为地球由一种叫"板块"的东西构成，地壳在洋中脊处不断产生，板块和地表也随之发生位移，一直运动到海沟处才被吞噬。

　　法国地质学家勒皮雄提出全球分为六大板块，分别是太平洋板块、亚欧板块、印度洋板块、美洲板块、非洲板块以及南极洲板块。所有板块都漂浮在有流动性的上地幔软流层之上。

▼ 地球物理联合会

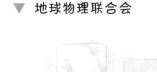

岩石圈地幔以下是可以流动的软流圈。

地壳的外层相对坚硬，称为"岩石圈"。

海底火山

板块边产生、边运动、边消亡，周而复始。

海沟

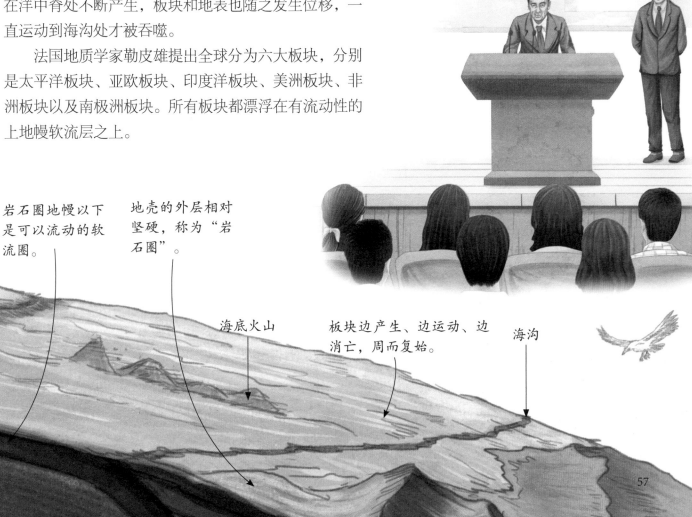

躁动不安的板块

时间进入 20 世纪 70 年代，科技的发展使很多以前不可能实现的技术成为可能。电子计算机成功绘制出了不同时期各个大陆的分布情况，为科学研究带来了极大的便利。人们对于地壳的构造模式有了新的认识。

水中浮萍

根据地质学家的估计，地球板块每年在以几厘米的速度移动。这个数字看着很小，但经过亿万年的移动后，地球的海陆面貌就会发生巨大的变化。当我们在看书时，大陆在移动；当我们在睡觉时，大陆也在移动。虽然我们一点儿都感觉不到，但我们的大陆确实像水面上的浮萍一样在漂浮移动。

将来又会怎么样呢？

在人造地球卫星帮助下，我们可以在电脑上看到很多以前无法看到的事情。比如，我们能看到欧洲和北美洲在慢慢地远离。有多慢呢？每年大概两三厘米。如果我们能长生不老，或许会看到大西洋的面积超过太平洋，还会看到非洲越来越接近欧洲，直到有一天把地中海挤没。

◀ **天文观测**

科技让人们对地球有了更多的了解。

大陆无时无刻不在移动着。

好像一切都说得通了

板块构造学成功解释了为什么同一种生物化石会出现在不同大陆，也解释了地震、火山爆发等地质活动以及冰期的形成……好像突然间整个地球的疑问都说得通了。其实，我们对于这颗蓝色的星球仍然知之甚少，尤其是地球内部。还有很多问题亟待解决。

当板块碰撞或分离时，会发生什么？

　　既然板块在运动，那它们很可能在某一天撞在一起，又或者相互分离，越来越远。当这种事情发生时，地球将会怎么样呢？也许会碰撞出新的、像喜马拉雅山脉那样的巨大山脉；又或者分离成东非大裂谷这样的大裂缝或新的海洋。由于地壳的动荡，板块交界处经常发生地震、火山爆发、海啸……带来很多灾难。

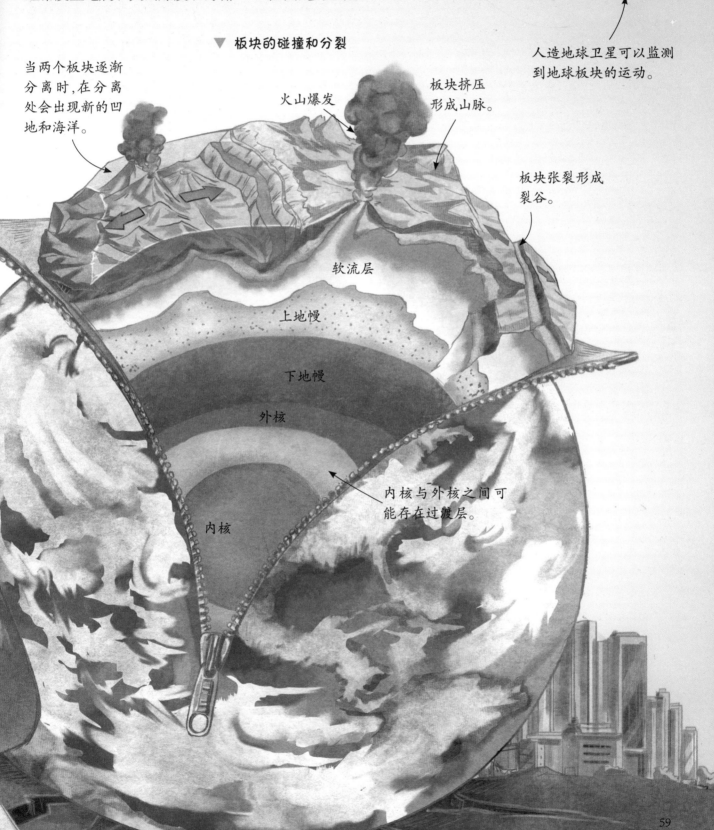

▼ 板块的碰撞和分裂

当两个板块逐渐分离时，在分离处会出现新的凹地和海洋。

火山爆发

板块挤压形成山脉。

人造地球卫星可以监测到地球板块的运动。

板块张裂形成裂谷。

软流层

上地幔

下地幔

外核

内核

内核与外核之间可能存在过渡层。

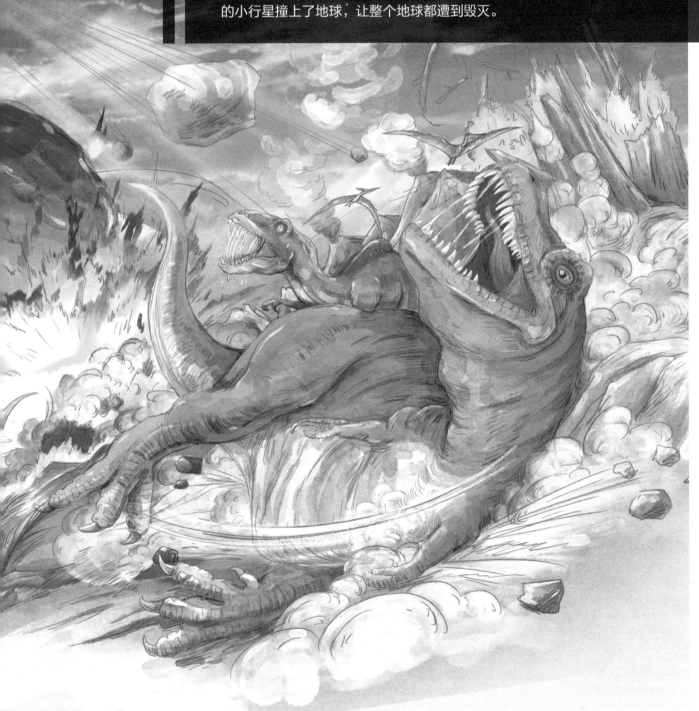

美丽而危险的星球

从太空中看，地球被一层白色的大气环绕，上面覆盖着蓝色的海洋和绿色的森林，看上去非常美丽。但同时，地球也是一个非常危险的地方，我们的家园随时可能被各种各样的灾难毁灭：也许是某次大地震让城市变成一片废墟；也许是某座火山喷发让人类陷入一片火海；也许是某个迷路的小行星撞上了地球，让整个地球都遭到毁灭。

发现小行星

几百年前，人们并不知道太空中有很多像小行星这样的天体，更不知道它们可能会突然撞上地球，给生活在地球上的生物带来灭顶之灾。

▼ 早期天文学家发现了小行星

寻找小行星

19 世纪初，意大利天文学家皮亚齐在用望远镜观测时，发现了一颗移动的天体，并将它命名为"谷神星"。后来，天文学家们又陆续在火星和木星轨道之间发现了好几颗这样的小行星，这时他们已经意识到，在木星和火星轨道之间还有不少环绕着太阳运行的天体。迄今为止，被人类发现的小行星已经有100 多万颗。

给小行星命名

被发现的小行星如果经证实真的存在，那么它首先会获得一个临时编号，由被发现年份和两个字母组成。然后发现者可以为这颗小行星建议一个名字，当国际天文联合会采纳后，它就有了自己独有的名字。最早，人们喜欢用神话人物给小行星命名，后来，也会以发现者或者他的家人、历史人物、童话人物、社会名流、明星或城市的名字来命名。

▼ 小行星的发现与命名

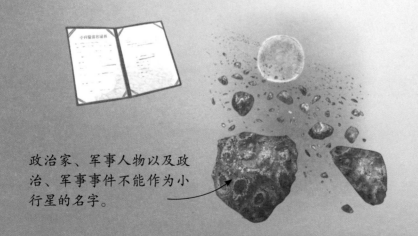

政治家、军事人物以及政治、军事事件不能作为小行星的名字。

宽敞的太阳系

我们已经发现的大多数小行星，都集中在火星与木星轨道之间的小行星带。在我们看过的很多图片里，这些小行星总是挤作一团，好像空间很小似的。但实际上，太阳系里非常宽敞，小行星之间的距离也很远。它们生活得一点儿也不拥挤。

我们仍处在危险之中

在整个 20 世纪，科学家们做了大量的统计工作，将以前发现的小行星都做了分类和信息统计。虽然我们掌握了已知小行星的运行轨道，但危险依然存在。说不定在某一天，某颗小行星就会突然向我们飞奔而来。

▼ 太阳系

海王星轨道外的柯伊伯带有成千上万颗小行星。

大部分小行星分布在火星和木星轨道之间，这里也被称为"小行星带"。

小行星至少要被观测到两次，并确定运行轨道后，才算发现成功。

▼ 新的小行星被发现

撞击说的提出

太空中有那么多小行星，它们真的有可能在某一天光临地球吗？当然有可能，并且很可能在以前就光临过。也许正因为小行星的撞击，才造成了曾经的陆地霸主恐龙的灭绝。

▶ 阿尔瓦雷斯父子
进行黏土层检测

KT 界线

一位叫作阿尔瓦雷斯的地质学家在野外考察的时候发现一种淡红色的黏土，这种黏土把古代石灰岩分成了层次分明的两层——其中一层属于白垩纪地层，另一层属于第三纪地层。这种介于白垩纪与第三纪之间的界线叫作"KT 界线"，指的是白垩纪末与第三纪初之间间隔的时代。在这段时间里，隐藏着恐龙和其他动物突然灭绝的秘密。

了不起的老爸

阿尔瓦雷斯有一位了不起的老爸，他是一位著名的核物理学家，还获得过诺贝尔物理学奖。这位老爸对这层黏土比较感兴趣，他建议儿子在测定黏土时间的时候使用铱元素来计算。因为这种元素是一种始终以稳定速率沉淀的放射性元素。而且这种元素恰巧一直少量存在于太空尘埃中，这一事实为他们后来的发现奠定了基础。

测量铱含量

测定结果令父子二人极其震惊——这些样品里面的铱含量竟然是通常水准的 30 倍！在接下来的几个月里，他们又测量了世界各地类似的样品，结果表明，在那个年代，地球上铱元素的含量很高。很显然，那时的地球一定发生过灾难性的大事件。

▶ 阿尔瓦雷斯父子
正在进行考察

恐龙灭绝撞击假说

经过反复的思考和求证，阿尔瓦雷斯父子提出了一个最能说得通的解释——地球曾遭到小行星或者彗星的撞击，因此造成恐龙和其他生物的大范围灭绝。1980年，他们将这个假说公布于世，令很多人感到震惊。在普遍支持均变论的地质学界，这个与灾变论相似的假说无疑会遭到大家的质疑和反对。这对父子需要证据来支持自己的理论，比如一个撞击现场。

一颗足够大的小行星可以冲破大气层，撞上地球。

生活在白垩纪时期的翼龙。白垩纪末期，翼龙灭绝了。

▲ 小行星撞击地球导致恐龙等史前生物灭绝

恐龙的灭顶之灾

接下来，我们可以想象一下当时的场景。那是 6600 万年前的一天，一切都一如既往。食肉恐龙在追逐猎物，植食恐龙在饮水进食，一些早期哺乳动物则躲在山洞里或远离恐龙的地方，突然……

突如其来的灾难

突然！一颗小行星进入了地球的大气层，大气使它的体积有所减小，分裂出许多小碎片，但主体部分仍像山峦一样巨大，并发出耀眼的光芒。接着，它穿过了大气层，以迅雷不及掩耳之势重重地砸在了大地上，立刻造成地球上前所未有的巨大爆炸。

难以想象的撞击

这次撞击的威力是令人难以想象的，比人类历史上最强烈的地震所带来的冲击力还要强。刹那间，遭受撞击的现场立刻化为乌有，无数尘埃进入到大气中，将太阳遮挡得严严实实。连锁反应出现，地震、火山爆发、海啸等自然灾害一起爆发，到处都是浓烟滚滚，俨然一幅世界末日的场景。距离撞击现场比较近的动物全部遇难了，而那些距离稍远的动物，处境同样不容乐观。

大型陆生动物的死亡

进入大气的尘埃覆盖了整个地球，阳光照不进来，地表温度迅速降低。植物逐渐枯萎死亡，植食恐龙因没了食物而相继饿死。食肉恐龙也因没了猎物开始相互残杀，最后慢慢消亡。几乎所有大型陆生动物都在这场灾难中灭绝。倒是小型哺乳动物很幸运，它们因为藏在洞里而躲过一劫，依靠仅剩的食物熬过了最艰难的时日，最终等来了生命的又一次大繁荣。

仍然是个谜团

　　尽管有不少证据支持天体撞击假说，但仍有许多学者认为恐龙的灭绝并没有那么惊心动魄。根据他们的推测，可能是几千万年前的火山强烈爆发使生态环境变得恶劣，从而影响了恐龙的生存和繁衍，然后才慢慢灭绝。灭绝的原因可能有地球以外的因素、地球自身的因素，以及恐龙自身的原因。要彻底弄清这个谜团，我们恐怕还有很长很长的路要走。

恐龙种类很多，既有食肉恐龙，也有食草恐龙。

▼ 在小行星撞击下，恐龙等史前生物走向灭绝

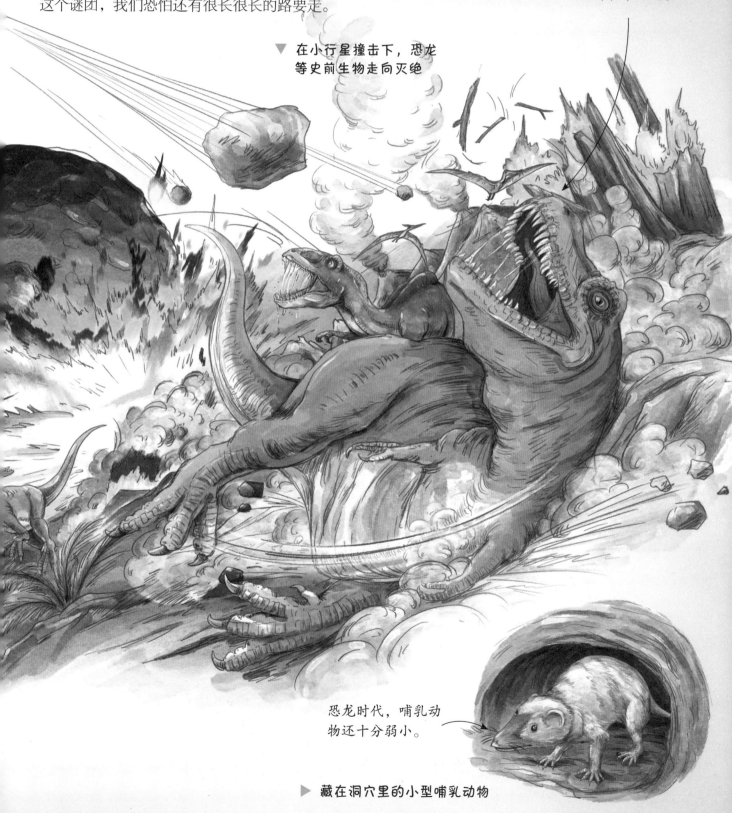

恐龙时代，哺乳动物还十分弱小。

▶ 藏在洞穴里的小型哺乳动物

来自地下的震动

比起担忧来自外太空的灾难，我们不如多多关心地球，因为地球是我们赖以生存的家园。生活在地球上的我们一直面临着各种各样的威胁。其中，最频繁、最常见的就是地震。

我们真的了解地球吗？

直到 20 世纪下半叶，我们才对地球有了比较全面的认识，但我们真的完全了解地球吗？并不！因为地球内部的事情我们还没搞明白呢。如果我们能深入地球内部实地考察一番就好了，但这是不可能实现的事情。假如把地球的结构比作鸡蛋，那我们还远远没有戳破它的外壳。

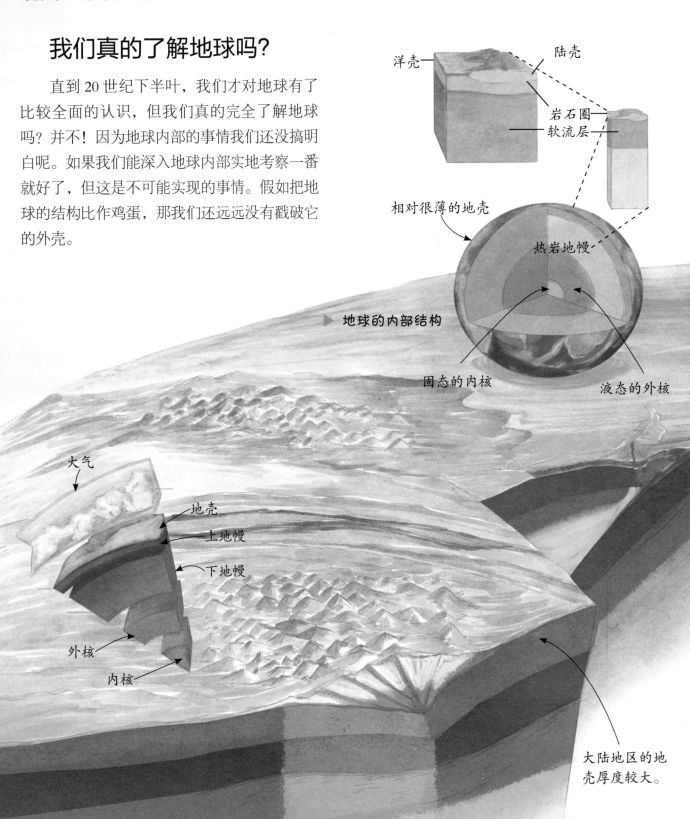

洋壳　　　陆壳

岩石圈

软流层

相对很薄的地壳

热岩地幔

▶ 地球的内部结构

固态的内核　　　液态的外核

大气

地壳

上地幔

下地幔

外核

内核

大陆地区的地壳厚度较大。

模糊的认识

一位地质学家在研究某次地震时，发现有的冲击波深入到地球深处，但好像遇到了阻碍，被反弹了回来，由此他认为地球内部有个地核。之后，地震学家莫霍洛维契奇在研究地震的曲线时也注意到这个情况，不过是在较浅的层面。经过一番研究，他提出了上地幔与地壳间的边界假说，这个界面也被称为"莫霍面"。这时，人们对地球内部才有了一个比较模糊的认识。

开拓的地理学

丹麦科学家莱曼在当时科学界认同的"液态地核"内首次发现了一个固态地核，同时精确计算出了这个固态地核的半径。就在莱曼进一步探索地球的同时，美国的两位地质学家的研究也取得了进展，他们发明了一种可以将前后两次地震进行比较的方法，从而创造出了"震级"概念。其中一位地质学家叫作里克特，你或许没听过这个名字，但你一定听说过"里氏震级"，它就是以里克特的名字来命名的。一直到今天，里氏震级依然被广泛应用。

大地震一定有大破坏？

不过，震级只能用来测量地震强度，却没办法说明它造成破坏的程度。假如地震发生在地幔深处，即便它震级达到8级，对地面依然没什么影响；假如地震发生在地面以下几公里的地方，即便震级很小，也会造成大面积的破坏。所以，大地震不一定有大破坏，破坏力最强的地震也不一定是震级最高的地震。

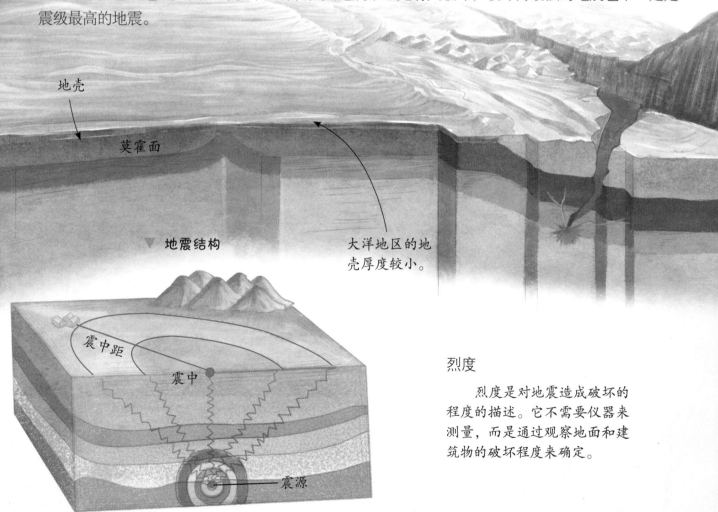

地壳

莫霍面

▼ 地震结构

大洋地区的地壳厚度较小。

震中距

震中

震源

烈度

烈度是对地震造成破坏的程度的描述。它不需要仪器来测量，而是通过观察地面和建筑物的破坏程度来确定。

可怕的地震

很多人可能没有经历过地震，觉得地震离我们很遥远。但地震其实发生得相当普遍，尤其是在板块交界处。据统计，地球上每年发生500多万次地震，也就是说平均每天都要发生上万次地震。

▲ 地震检测仪

地震高发国日本

日本位于太平洋板块和亚欧板块的交界处，是一个地震多发的国家。20世纪，日本发生的最严重的地震是1923年9月1日的关东大地震，震级达到8.2级，共造成了10多万人死亡，财产损失高达65亿日元。2011年3月11日，日本东北部太平洋海域发生强烈地震，震级达到9级。据不完全统计，日本平均每天有4次地震，是名副其实的地震高发国。

▼ 地震之后的城市

地震后残破的城市

地面开裂

历史上最大的地震

你知道目前人类历史上震级最高的地震是多少级吗？恐怖的9.6级！它发生在1960年5月，智利西部的海岸附近。这次地震使智利经济遭到巨大的损失，还引发了世界上影响范围最大、最严重的海啸。高达几十米的海浪毁坏了南美洲沿海地区的大部分建筑，甚至波及遥远的日本。

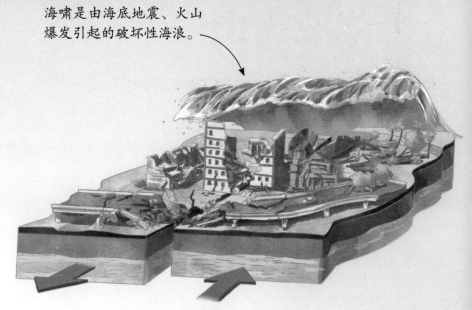

海啸是由海底地震、火山爆发引起的破坏性海浪。

▲ 地震与海啸

我们身边的地震

中国国土面积广阔，也有些地区位于地震带上。1976年唐山大地震、2001年昆仑山大地震、2008年汶川大地震、2010年青海玉树地震、2017年四川九寨沟地震、2021年青海玛多地震……这些大地震给我们留下了沉痛的记忆，让科学家们更加深刻地认识到地震的极端复杂性。当然，我们面临的危险远远不止这些。

建筑倒塌

维苏威火山

  火山爆发也会带来巨大的灾难。如果非要说一个历史上最有名的火山爆发事件，可能很多人都会选维苏威火山爆发，它发生在 2000 多年前。

历史上最有名的火山

  维苏威火山位于意大利境内，一直处于休眠状态。公元 79 年，在没什么预兆的情况下，维苏威火山突然爆发了。而居住在附近两个城镇——庞贝和赫库兰尼姆的居民却浑然不知。当他们意识到危险的时候，已经来不及逃生了。

▲ 人形化石

火山灰掩埋了庞贝遇难者的尸体，尸体不会被保存下来，但包裹在尸体外的火山灰会固化成人身躯的形状，就像一个空壳的塑像。

庞贝末日

那时，天空突然变得如暗夜一样黑，如同世界末日来临。短短十几个小时内，维苏威火山喷出了大量的浮石、岩浆和火山灰，将整个庞贝全部淹没。数以千计的居民来不及逃走，全被埋葬在这里。曾经的古罗马第二大城市，就这样从地球上消失了，只剩下岩浆冷却后留下的焦土以及一片死寂。

重见天日

庞贝一直埋藏在火山灰下，直到 18 世纪才得以重见天日。通过后来的发掘，我们发现这里有剧场、旅馆、角斗场、商店等。更令人震惊的是，我们找到了很多姿态各异的人形化石，有的神情痛苦，有的缩作一团，还有母亲临死前依然在保护自己的孩子。科学家通过注入石膏的方式将这些化石完美地保存了下来，为后人展现庞贝末日的惨烈。

▼ 维苏威火山爆发让庞贝古城遭到灭顶之灾